AF460744

AUX CULTIVATEURS

60 ans de succès

LE VÉTÉRINAIRE CHEZ SOI

ou

RECETTES MÉDICALES

POUR TRAITER LES BESTIAUX

PUBLIÉ PAR

Cde FARGETON

PROPRIÉTAIRE-CULTIVATEUR

à SAINT-VICTOR s/ RHEINS (Loire)

LYON

IMPRIMERIE DE E. DEMOLY

Gde-RUE CROIX-ROUSSE, 9

1880

PRÉFACE

Je vais citer les plantes utiles pour le traitement des bestiaux, et afin de les connaître, je vais les citer en français et en patois.

PLANTES

Benoite ou carrio-fillata, ou herbe du charbon ;

Bouillon blanc ou dreuil;

Bardane ou choux-d'âne;

Silidoine ou grand éclair, ou jonasse;

Joubarbe ou artichaux ;

Herbe nouée ou traînasse, que le cochon mange.

Sureau (fleur et racine) ;

Ellébore, il est bon pour arber ;

Patience ou rouinge ;

Mille-pertuis ;

Lin sauvage ;

Mauve ;

Sauge ;

Graine de Genièvre ;

Lierre terrestre.

LE VÉTÉRINAIRE CHEZ SOI

ou

RECETTES MÉDICALES

POUR TRAITER LES BESTIAUX

Colique.

Pour les coliques, il faut prendre cent cinquante grammes d'huile de noix ou d'olive, cent vingt-cinq grammes de miel ; poudre de chasse, quatre pleins bouchons; beurre, une pleine ceuillerée à bouche ; le tout ensemble, il faut lui faire prendre un peu chaud.

Si la colique persiste, il faut répéter le même remède, en y ajoutant 50 plombs n° 1.

Autre Colique.

Quand la Vache a fait le veau, il faut lui faire prendre un litre de bon lait chaud en y ajoutant cent vingt-cinq grammes de sucre, cent grammes de miel, cent grammes de beurre. Il faut lui faire prendre tiède.

Rétention d'urine.

Pour la rétention, prenez une poignée de pariétaire, cinquante grammes de graine de lin, cinquante grammes de guimauve, dix grammes de sel de nitre, cent vingt-cinq grammes de miel, un litre de vin blanc, deux litres d'eau, le tout bouilli ensemble pendant vingt minutes. Il faut donner trois fois en douze heures de temps.

Toux.

Pour la toux, prenez du son et de la marjolaine ou du serpolet bâtard et du miel.

Dartres, Farcin, Gale.

Il faut saigner à la veine dessous la langue et il faut lui faire prendre pendant trois jours de suite, deux litres de tisane de racine de patience ou rouinge, racine de bardane ou choux d'âne, une poignée de chaque; faire bouillir le tout pendant vingt minutes.

Frictions.

Prenez un litre de bon vinaigre, une poignée de sel de cuisine, quinze grammes de potasse, le tout fondu ensemble, et frictionner deux fois par jour, matin et soir.

Tache des yeux.

Pour la tache des yeux, on fait une saignée à la veine de l'oreille du côté où est le mal, puis avec un tube on souffle de l'alun de roche mêlé avec du sucre candi; la poudre de crapaud est encore plus sûre.

Constipation.

Cette maladie est causée par un échauffement qui cuit les matières. Il faut promptement donner des lavements ainsi composés: mauve, son, beurre ou huile et savon; donner ces lavements tièdes. Si cela ne suffit pas, on prendra cent grammes d'huile de ricin, deux cents grammes d'huile de lin, vingt-cinq grammes de rhubarbe, quinze grammes d'aloès, dix grammes de sel de nitre, deux cent cinquante grammes de miel; ensuite on fera dissoudre le tout ensemble dans trois litres de petit lait ou de tisane de racine de sureau, mêlée avec de la racine de mauve et de la graine de lin. Il faut donner le remède trois fois et cela de trois heures en trois heures; pour la génisse, on ne lui en donne que la moitié.

Dyssenterie ou dévoiement.

Prenez de benoite ou herbe du charbon, racine de sureau, racine de mauve, herbe nouée ou herbe que le cochon mange, et son, une poignée de chaque, faire bouillir le tout ensemble, en donner trois fois par jour ; je ne limite pas la quantité, le remède n'ayant aucun danger; le donner froid.

Recette pour faire remplir la vache.

Il faut couper dans la nature ou naissance

un petit bouton vermeil, qui est presque tout dans le bas (avec des ciseaux), ensuite il faut mettre une bonne pincée de sel; l'on saignera deux jours de suite, après quoi l'on donnera deux breuvages ainsi composés : racine de rouinge et vingt-cinq grammes de poudre d'antimoine dans deux litres d'eau et un demi-litre de vin blanc.

Fourbure.

Pour un animal fourbu, soit de devant, soit de derrière, faire le remède comme suit : prendre de mauve, son et fleurs de sureau, une poignée de chaque ; faire bouillir le tout ensemble et lui appliquer dessus la partie malade ; deux jours après, vous mettrez une pommade ainsi composée : saindoux, huile d'olive et essence de térébenthine.

Coup de corne ouvrant le ventre.

Il faut avoir soin de bien nettoyer la plaie avec de l'eau tiède, ainsi que les boyaux, si ils sont visibles, ensuite l'on coudra la peau (bien faire joindre la partie déchirée) avec du fil double et après graisser la partie malade jusqu'à guérison qui est environ de huit jours, savoir : avec de la graisse de porc mêlée avec du savon, la moitié de chaque, le tout coupé menu, et eau-de-vie; faire bouillir le tout ensemble, et ensuite graisser chaud sur la couture et tout autour.

Gonflement par les trèfles

Il faut mettre un bâillon dans la bouche et mettre un tube percé dans le vagin, afin de donner de l'air. Remède : prenez un litre de petit lait, trois ou quatre pleins bouchons de poudre de chasse, quinze grammes de sel de glober, cent vingt-cinq grammes de miel, le tout dissous ensemble, et si la vache ou le bœuf sont petits, n'en donner que la moitié; s'ils sont trop gonflés, percez de suite et sans retard au flanc gauche, à quinze centimètres de l'os de la hanche et sans atteindre les côtes.

Du pissement de sang.

Prenez une poignée d'herbe à millefeuilles ou gramèle noire, une poignée d'orties blanches, une poignée de pariétaire, une poïgnée de racines de sureau, une poignée d'herbe benoite ou herbe du charbon, cinq grammes de sel de nitre par litre, faites bouillir le tout ensemble dans six litres d'eau et donnez le remède deux jours de suite, un litre le matin, un litre à midi et un litre le soir; avoir soin de le donner froid.

Maladie de la lente ou fistule.

Si l'animal a la fistule à la langue, elle gonfle, c'est ce qui arrive toujours, il faut la piquer avec la lancette et avoir soin de le bâillonner pour éviter des dangers, le saigner intérieurement des deux côtés de la mâchoire inférieure, dessous la langue. Si l'animal a ladite maladie au derrière, ce qui arrive quelquefois, il faut lui enfoncer la main jusqu'à la croisure et arrivé là, il faut tourner la main pour en tirer le mauvais sang qui est caillé, et de crainte qu'il reprenne la maladie, on le saignera à la veine de l'oreille. Si vous ne pouvez pas faire casser la lente avec la main, il faut la casser avec des lavements gras, composés de : son, mauve, beurre, savon et huile.

Paralysie ou douleur.

Pour l'un comme pour l'autre cas, il faut saigner hardiment à la veine, au-dessous de la langue ou au jarret, trois jours de suite si c'est nécessaire. Remède pour frictionner : prenez cent vingt-cinq grammes d'huile d'olive, trente grammes de baume tranquille, cinquante grammes d'essence térébenthine, le tout mêlé ensemble, un peu chaud; il faut frictionner deux fois par jour la partie douloureuse avec un chiffon en laine, jusqu'à guérison complète.

Indigestion de manger

Remède : Dans deux litres d'eau de son, mettez une muscade, dix centimes de cannelle, deux cent cinquante grammes de miel, cent vingt cinq grammes d'huile d'olive; on répétera le breuvage au bout de vingt-quatre heures s'il en est besoin. Il faut que l'animal fasse diète de manger et non de boire.

Indigestion d'eau.

Remède : Dans un demi-litre d'urine d'homme, mettez trois têtes d'ail pilées, une demi-poignée de sel, vingt grammes d'auviar-tent.

Pour tuer les poux.

Prenez du bon vinaigre, du poivre, savon et tabac à priser, faites tremper le tout vingt-quatre heures, ensuite vous en laverez l'animal.

Morsure de loup ou de chien qui aurait les dents venimeuses

Il faut commencer par arrêter le venin de la morsure, qui occasionnerait une enflure, gagnerait le cœur et ferait périr l'animal; cela s'arrête facilement au moyen d'huile d'aspic chaude, coulée jusqu'au fond de la plaie, après quoi l'on garnira ladite plaie de lierre terrestre, de jonace et de sel; on pilera le tout ensemble avant l'application.

Opération du vêlage.

Il faut faire chauffer de l'eau propre, un peu plus que tiède et s'en laver le bras et la main chaque fois que vous le passerez dans le corps de l'animal; on commencera à passer, s'il est possible, deux ou trois doigts à l'entrée de la vêlière; en répétant plusieurs fois, on arrivera à passer à la main et ensuite le bras; si, au contraire, on ne peut y passer qu'un doigt et que l'orifice (ou trou) soit en tournant, c'est preuve que la matrice est renversée, c'est-à-dire qu'elle a fait un demi-tour, c'est qu'il est impossible d'y entrer. Il faut répéter plusieurs fois l'opération, c'est-à-dire de forcer à passer un ou deux doigts et quand on est parvenu à entrer la main, il faut remarquer la position du veau, et s'il est dans une fausse position, le tourner s'il est possible dans la vraie position qu'il doit être pour venir, qui est les deux pieds de devant, sur lesquels doit être la tête, après quoi avançant un peu les pieds en tenant la tête dessus, vous passerez un petit cordeau, qui est un glas ou nœud coulant au bout, que vous passez dans le corps de la vache, en laissant l'autre bout dehors pour vous en servir ; étant arrivé à la tête du veau, vous creuserez la taie vis-à-vis de la gueule avec les ongles, et vous passerez le glas ou nœud coulant, dans la gueule, à la mâchoire inférieure que vous glacerez ou serrerez, bien entendu que ladite tête sera placée sur les pieds, puis vous tirerez les deux pieds avec la main qui est dans le corps, et la tête avec le cordeau de l'autre main, qui est nécessairement en dehors, de façon à ce que tout vienne à la fois, c'est-à-dire l'un quand l'autre; étant arrivé dans la croisée, vous tirerez toujours peu à peu et à mesure que la vache fera ses efforts, jusqu'à ce que le veau soit dehors.

Autre opération.

Si la tête est renversée sur les épaules ou qu'elle soit en bas vers les mamelles de la vache, ce qui ferait trop de mal à la vache pour venir ainsi, on repousse les pieds dans le corps pour faire suivre la tête comme il est dit ci-dessus, et si on ne peut l'avoir avec la main, il faut introduire la main dans le corps et mettre le doigt dans l'œil, ensuite vous glisserez un crochet le long du bras que vous accrocherez dans l'œil; vous tirerez peu à peu, et à mesure que la vache fera ses efforts, il ne faut pas craindre le crochet, les veaux ne deviennent pas aveugles avec, ni ils ne meurent, sur trente il y en a peut-être un et cela rarement. C'est le moyen le plus sûr que j'ai trouvé, en inventant un modèle de crochet que je vends, ainsi que plusieurs autres outils, pour les opérations de différents genres, aux personnes qui m'en demandent.

De la pomme, poire ou rave dans le gosier.

Les bêtes qui ont une de ces trois sortes de choses dans le gosier, enflent comme du venin hâté, bavent et etouffent, parce qu'elles peuvent à peine respirer ; on peut avec la main sentir soit la pomme, poire ou rave dans le gosier, alors il n'y a pas d'autre moyen que de forcer avec la main ces diverses choses à entrer dans le corps, ce qui arrive toujours par ce procédé. Dans le cas où elle ne pourrait entrer, il faut un plein verre d'huile d'olive que l'on versera dans le gosier, en prenant l'outil que je vends à cet effet, comme il est dit ci-dessus.

Du renversement de la matrice

Lorsque la matrice est renversée, ce qui arrive souvent à la suite d'une perte laborieuse, elle tombe quelquefois jusqu'aux jarrets, et dès qu'elle est exposée à l'air, elle devient rouge et saignante; il faut alors prendre un linge fin et le passer dessous à deux mains pour la soulever et la pousser doucement dans le vagin; il faut la faire entrer comme un bonnet de nuit l'une dans l'autre, si la matrice est sale et enflée, il faut la laver; à cet effet, prenez de la fleur de sureau, de la feuille de mauve et un morceau de beurre, faites bouillir le tout ensemble vingt minutes, ensuite la bassiner pendant quinze minutes; si la vache fait des efforts, il faut percer le cuir avec une alène, et avec une aiguille, passer du fil de la grosseur d'une petite ficelle, ensuite coudre le cuir, ne faire que quatre points et laisser le passage des urines.

Du rou ou renversement du vagin.

Il y a des vaches qui font voir leur rou avant de donner le veau, ce qui les empêche quelquefois de ne pouvoir vêler, d'autres le jettent après le vêlage en s'efforçant, soit pour se nettoyer, soit à cause du rou même, qui, se trouvant au passage, oblige la vache de le jeter dehors. Opération : il faut bien nettoyer le rou avec un linge fin et de l'eau tiède, et le soulevant dans un linge bien blanc on le repasse doucement sans le meurtrir jusqu'après avoir passé la croisée, après quoi il se retrouve à sa place, et de crainte que la vache ne s'efforce pour le jeter de rechef, il lui faut mettre sur le dos une besace pleine de terre et mettre beaucoup de fumier sous les pieds de derrière, pour lui tenir cette partie plus haute que le devant; il ne faut pas lui donner beaucoup à manger pendant quarante-huit heures ; remarquez qu'il y en a qu'on est obligé de coudre.

Nettoyer ou faire nettoyer.

On peut nettoyer à la main, ou faire

nettoyer au moyen d'un breuvage; nettoyer à la main, c'est de suivre le cordon qui pend à la naissance et détacher la taie tout autour, afin de pouvoir l'avoir; faire nettoyer, c'est de donner deux breuvages en vingt-quatre heures, composés chacun d'une demi-livre de levain, vingt-cinq grammes de thériaque ou auviartent, deux cent cinquante grammes de miel, le tout dissous dans un litre de vin blanc répété jusqu'à trois fois, s'il est nécessaire.

Du Charbon.

Un animal qui prend le charbon, son poil s'hérisse, sa chair gémis ou frissonne, alors de suite il faut le couvrir et le faire transpirer; pour cela, prenez une poignée de fleurs de sureau, une poignée de racines d'orties, un litre de vin rouge, deux litres d'eau, deux cent cinquante grammes de miel, le tout bouilli ensemble. Il faut donner le remède en trois heures de temps, un litre par heure et l'herber dans plusieurs endroits si cela est nécessaire; si l'animal plaint ou que les poumons battent, il faut le saigner dessous la langue.

Des crevasses qui surviennent aux mamelles ou trayons.

Il suffit de faire fondre de la cire jaune, un peu de jus de jonace, de l'essence térébenthine et de l'huile d'olive, graisser deux fois le jour après avoir tiré la vache.

Recette pour faire mourir les germes ou cerises.

Il faut de suite les couper. Prenez: vitriol, litharge d'or, vert-de-gris; le tout en poudre, il faut le faire fondre avec de la poix et du suif, pour empêcher que la poudre ne tombe.

Des verrues.

Il faut racler les verrues jusqu'à ce qu'elles saignent, et après les saupoudrer de réalgar ou arsenic jaune, très peu à la fois et répété tous les six jours, cela détruira les verrues jusqu'à la racine. Il y a danger d'en mettre trop à la fois, car on ferait manger les bonnes chairs ; il faut éviter que l'animal ne puisse y porter les dents, il faut l'en empêcher.

Des Lavements.

Il faut en donner quand on voit que le corps ne fait point ses fonctions; il faut fouiller l'animal avant, pour le disposer à le recevoir.

Le lavement sera composé d'eau de son, mauve, savon, beurre frais ou huile.

Tisane de benoite ou cario filata

Cette tisane se fait avec trois poignées de benoite, feuilles et racines, bouillies pendant un quart d'heure dans six litres d'eau ; je ne connais point d'auteur qui ait donné à cette plante la qualité de fébrifuge, cependant elle est très bonne pour détruire toute espèce de fièvres, en donnant de cette tisane aux bestiaux jusqu'à 6 ou 7 fois par jour.

Du fourchet ou carton.

Ce mal vient dans le fourchet des pieds, soit de devant, soit ceux de derrière; c'est un pus qui s'y amasse et se racornit comme un peloton jaunâtre de chair morte, quelquefois gros comme un jaune d'œuf et qu'il faut extirper dans la suite; cela fait boiter considérablement l'animal. Les remèdes que je vais indiquer servent surtout à faire raconir ou découvrir le mal plutôt, qui sans cela pourrait occasionner des ravages dans le pied, jusqu'à en attaquer les os. Remède : de la bouillie faite avec de l'eau, farine de froment, deux blancs de poirau qu'on pile et gros comme un jaune d'œuf, graisse de porc fondue que l'on mettra sur des étoupes et en envelopper le mal deux fois en deux jours; après l'on mettra dessus le mal, par parties égales, du vert-de-gris, sucre blanc et poivre, le tout en poudre, restreindre en cataplasme sur des étouppes, composé de : suif grasse broyée et passée au tamis, incorporée dans des blancs d'œufs et cela tous les jours jusqu'à ce que l'on ait décharné le peloton de mauvaise chair, ce qui sera devenu facile, n'ayant plus rien de commun avec la bonne chair; il se tire avec les doigts ou le couteau, et ensuite il reste un creux ou trou, dans lequel on mettra deux ou trois fois sans envelopper de la poudre à sécher, vingt-cinq grammes de mine de plomb, dix grammes de vert-de-gris et vingt grammes de blanc de ceruse.

Clou ou épine dans le pied.

Vous introduirez dans cette ouverture huile d'olive et essence térébenthine, le tout un peu chaud.

De la fièvre en général

La fièvre est un bouillonnement extraordinaire du sang qui fait battre le cœur et les artères plus vite que dans l'état ordinaire et naturel, toutes fièvres continues ont une disposition inflammatoire, et il est impossible de guérir aucune maladie à laquelle la fièvre est jointe, si l'on commence par couper la fièvre. Pour connaître si l'animal a la fièvre, il faut placer la main dessous l'épaule, contre le coffre, vis-à-vis du cœur; l'on sent le battement déréglé du cœur et des artères. Dans toute fièvre, il faut saigner hardiment à proportion de la force de l'animal; on donnera force tisane de benoite, plantin et miel.

De l'érésipèle.

L'érésipèle se manifeste par la chaleur, la rougeur et la démangeaison de la peau; après avoir saigné l'animal, on lui fera boire du petit lait mêlé avec du vinaigre et on appliquera sur la partie malade un cataplasme de mie de pain et de lait; dès que l'inflammation sera apaisée, on appliquera des cataplasmes de fleurs de sureau, sauge, bouillies ensemble que l'on renouvellera trois ou quatre fois par jour.

De l'écorchement de la langue.

Cette maladie a pour cause ordinaire des herbages et feuilles d'arbrisseaux infectées de chenilles, ces exoriations de la langue se guérissent en faisant boire à l'animal de l'eau mélangée de vinaigre et de miel.

De l'étranguillon.

Les étranguillons ne sont autre chose que des humeurs qui descendent d'un cerveau refroidi sous la gorge du bœuf et qui forment des glandes, qui en croissant peuvent étouffer le bœuf; pour y remédier on lui ouvre matin et soir ces glandes avec une lancette, puis on frotte entièrement le dessous de la gorge avec de l'huile de laurier et du beurre frais, battus ensemble à froid, il faut avec cela bien tenir chaudement la tête, en la lui couvrant d'une bonne couverture, sans cela il courrait des risques de périr,

Du lait épanché dans la masse du sang.

Les symptômes de ces accidents, sont quand l'animal devient triste et dégoûté, rendant quelquefois le lait par les naseaux, cela provient de la trop grande quantité de lait que porte une vache que l'on trait et qui, par sa révulsion, fait un grand ravage dans la masse du sang. Si l'on a soin de prévenir cet accident, par une saignée lorsque l'on trait une vache qui a beaucoup de lait; quand le lait est épanché, remède : il faut saigner à la jugulaire dessous la langue aux deux ésatilons.

De l'air de terre que l'on croit souvent être la piqûre de bêtes vénimeuses.

Ces airs proviennent de la mauvaise exhalaison de la terre; la vache étant couchée la mamelle dessus, occasionne une enflure fort dure et fort chaude dans un côté de la mamelle ou une partie seulement et empêche de pouvoir tirer le lait qui augmente beaucoup l'enflure et l'enflamme, il faut avoir soin et tâcher de tirer le plus de lait qu'il soit possible, dix ou quinze fois par jour. Remède: il faut saigner dessous la langue et faire une pommade pour graisser la mamelle,composée d'huile d'olive, beurre frais, savon blanc, le tout fondu ensemble; il faut graisser trois ou quatre fois par jour.

De la maladie du veau.

Les maladies auxquelles le veau est sujet

sont les mêmes que celles du bœuf et de la vache, il arrive quelquefois que les veaux ont la gale presque en naissant, ils ont alors la peau rude et mal unie et le poil herissé, on la guéri enleur frottant tous les endroits galleux avec du beurre frais et de l'huile de chenevis.

De la dyssenterie du veau.

Il faut donner de la tisane de benoite, herbe nouée et racine de sureau ; si le veau est jeune on peut la mélanger avec du lait.

Du dégoût du veau.

Quand le veau est dégoûté, qu'il ne tète pas, il faut prendre du sel et du vinaigre et lui laver la bouche deux fois par jour.

Maladies du cochon.

On connaît qu'un porc est malade, quand il

penche l'oreille, qu'il est plus paresseux et plus pesant que de coutume ou qu'il est dégoûté ; quelquefois aussi, quoique malade, il ne donne aucun de ces signes. Quand on le voit diminuer peu à peu, il faut lui arracher à contre-poil une poignée de soie sur le dos ; si la racine en paraît nette et blanche, c'est bon signe, mais si on y voit quelques marques sanglantes, le cochon est malade.

Avives.

On reconnaît que le cochon a des apostèmes aux avives, quand il tremble, qu'il fait le gros dos et qu'il mange moins que de coutume; pour reconnaître où est l'avive de chaque côté, on penche l'oreille du cochon sur le cou, et là où tombe la pointe est l'avive. Il faut les ouvrir avec un bistouri, en faire sortir l'humeur et le gravier et panser la plaie chaque jour avec du sel et du saindoux.

Catarrhe.

Il suffit ordinairement, pour guérir ce mal, de saigner le cochon sous la langue, et de frotter le mal avec du sel et de la farine de froment.

Employez le même remède quand vous verrez qu'un cochon a les glandes du cou enflées ou le cou plein de tumeurs qui ne viennent que d'une abondance d'humeurs grossières qui n'ont point de mouvement. On peut encore saigner ou faire saigner le cochon aux épaules et lui frotter tout le cou et le grouin, de sel et de farine, ou bien lui faire avaler avec une corne six onces de garum.

Contusions.

Les contusions sont des enflures douloureuses causées par des coups violents, qui font que le sang s'extravase et que les nerfs sont quelquefois blessés.

Les contusions se guérissent avec une espèce d'onguent, composé : de trois onces de savon, quatre onces de saindoux et quatre onces de tartre, bouillis dans l'eau-de-vie ; on frotte avec cet onguent la partie malade jusqu'à ce que l'enflure soit dissipée.

Dégoût.

Le dégoût qui se manifeste chez le cochon est la suite de l'indigestion et se traite de même. (Voyez indigestion)

Échauffement.

La sécheresse est la cause ordinaire de cette maladie, qui se manifeste par deux boutons blancs qui surviennent entre les dents de la mâchoire inférieure; dès que ces boutons paraissent, le cochon cesse de manger. Il faut couper ces boutons jusqu'à ce qu'ils saignent et couper aussi la fève des deux côtés, puis avec un linge mouillé d'eau salée, on frotte la place des boutons. On lave à plusieurs reprises la gueule de l'animal en y jetant de l'eau pure, Cette opération terminée, on pourra donner à manger au malade.

Enflures.

Les enflures proviennent de coups et meurtrissures. (Voyez contusions)

Fièvre.

On juge que le cochon a la fièvre, quand on le voit baisser la tête, la porter de travers, courir dans les champs, ensuite s'arrêter tout court et tomber étourdi. Il faut alors prendre garde de quel côté il penche la tête, pour le saigner à l'oreille opposée et ne lui donner à manger que des choses qui puissent le rafraîchir. On saigne aussi les cochons à une veine qu'ils ont en dessous de la queue, à deux doigts des fesses; pour ne point manquer cette veine, on en bat l'endroit avec un morceau de sarment, afin de le faire enfler. Quand on en a tiré assez de sang, on y fait une ligature avec de l'osier ou de la grosse ficelle; on tient le cochon enfermé deux ou trois jours, jusqu'à ce que la fièvre soit guérie et on le nourrit avec de l'eau tiède mêlée de deux livres de farine d'orge.

Gale.

Il faut frotter rudement et à contre-poil le cochon avec de la lessive très forte, ensuite le faire baigner dans l'eau claire. Si ce remède ne suffit pas, frottez le malade avec de l'urine et de la fleur de soufre.

Gourme.

On nomme gourme des apostèmes qui viennent aux cuisses du cochon ; le remède est le même que pour les apostèmes des avives. (Voyez avives)

Indigestions.

La gourmandise du cochon le rend sujet au vomissement et à l'indigestion, et souvent les mauvaises herbes lui causent le dégoût; le vomissement lui vient de réplétion, et l'indigestion est causée par la dureté ou la crudité de leur nourriture.

Pour guérir le simple vomissement, ratissez de l'ivraie, mêlez-en les ratissures avec du sel que vous aurez bien fait sécher et de la farine de fèves ; donnez le tout au cochon avant qu'il aille aux champs.

Et pour guérir l'indigestion ou le dégoût, tenez le cochon enfermé dans son toit, afin de lui faire faire diète pendant vingt heures, ensuite donnez-lui beaucoup d'eau tiède, dans la quelle vous aurez laissé infuser pendant quinze ou vingt heures des racines de concombre sauvage bien pelées ; il est bon de donner de temps en temps de ce breuvage aux cochons, il les préserve des maladies contagieuses auxquelles ils sont sujets.

Les douleurs de rate les prennent aussi, à cause du trop de fruits qu'ils mangent pendant les grandes chaleurs. On les guérit en leur faisant boire de l'eau où l'on aura laissé macérer du bois de romarin ; il a la vertu de dissiper les crudités et les enflures intérieures.

Plaies.

Les plaies du cochon se pansent avec du saindoux mêlé de selet de lierre terrestre pilés ; le sel surtout doit dominer. Lorsque la plaie commence à se guérir, sans qu'il se forme de pus, on la couvre de tartre également mêlé de sel.

www.ingramcontent.com/pod-product-compliance
Ingram Content Group UK Ltd.
Pitfield, Milton Keynes, MK11 3LW, UK
UKHW021038180726
13838UKWH00004B/1884

9 782329 381169